家居装饰设计效果图精选

卧室·书房

林崇华 刘 利 编著

中国电力出版社
www.cepp.com.cn

图书内容为最新的家装设计效果图案例，按《客厅》、《文化墙》、《卧室 · 书房》、《餐厅 · 厨房 · 卫生间》、《玄关 · 过道 · 隔断》编排成五册。书中每个设计方案均做出拉线式材料标注，实用性强，适合大众消费需求。书中文字内容涉及装修中的设计配饰、材料选择、施工工艺、旺家金点、保养窍门等知识要点，使读者可以轻松的了解装修中的重点知识。

图书在版编目（CIP）数据

家居装饰设计效果图精选．卧室 · 书房／林崇华、刘利 编著．—北京：中国电力出版社，2009

ISBN 978-7-5083-8370-5

Ⅰ．家… Ⅱ．①林…②刘… Ⅲ．①卧室－室内装饰－建筑设计－图集②书房－室内装饰－建筑设计－图集 Ⅳ．TU241-64

中国版本图书馆CIP数据核字（2009）第005645号

中国电力出版社出版发行

北京三里河路6号 100044 http://www.cepp.com.cn

责任编辑：曹 巍 责任印制：陈焊彬

北京盛通印刷股份有限公司印刷 · 各地新华书店经售

2009年3月第1版第1次印刷

889mm × 1194mm 1/16 · 4 印张 · 138千字

定价：25.00元

本社购书热线电话（010-88386685）

目录 Contents

致　谢

在本书编写过程中，得到了以下设计师的鼎力支持，他们有：林崇华、王晓华、刘利、李小慧、郭乐峰、李广、程虹瑞、刘耀成、叶欣、令狐科、关玉松、渡空间设计等，在此向他们表示衷心的感谢！

乳胶漆
木纹饰面
装饰挂画
实木地板

石膏板拓缝刷有色乳胶漆
装饰板材
强化地板

石膏板拓缝
乳胶漆
抛光砖

肌理壁纸
暗藏灯带
烤漆玻璃

Q: 窗帘的选择应该注意哪些方面？

A: 窗帘的主色调应与室内主色调相适应。补色或者相近色都是可以的，忌极端的冷暖对比。现代设计风格，可选择素色窗帘；优雅设计风格，可选择浅纹的窗帘；田园设计风格，可选择小纹的窗帘；豪华设计风格，可选择素色或者大花的窗帘。如选择条纹的窗帘，其走向应与室内风格的走向相配合。

装饰挂画
乳胶漆
烤漆面板
装饰挂画
强化地板
艺术壁纸
木纹饰面
亚面抛光砖
地毯

壁纸
书法字画
强化地板
静妙

乳胶漆
亚面抛光砖

Q: 选择家具最简单的方法是什么？

A: 选择家具最简单的方法，就是不要和家里的主色调出现色彩上的冲突。其次，就可考虑按自己的性格选择家具风格。根据自己的性格和审美喜好来选择成套家具，再配上两件有特色的单件家具，可以产生意想不到的视觉效果。

乳胶漆
装饰挂画
木工板造型混漆
强化地板

壁纸
乳胶漆
实木地板

银镜
壁纸
烤漆面板

壁纸
装饰挂画
木纹饰面
抛光砖

Q: 中式家具和西式家具如何巧妙混搭?

A: 中式家具和西式家具的搭配比例最好是3：7。因为中式老家具的造型和色泽十分抢眼，可自然地使室内充满怀古气息，但太多反而会显得杂乱无章。此外,尽量挑选比较实用的，除了欣赏之外，还可赋予老家具新的生命。

乳胶漆
艺术壁纸
地毯
实木地板

乳胶漆
地板上墙
亚面抛光砖

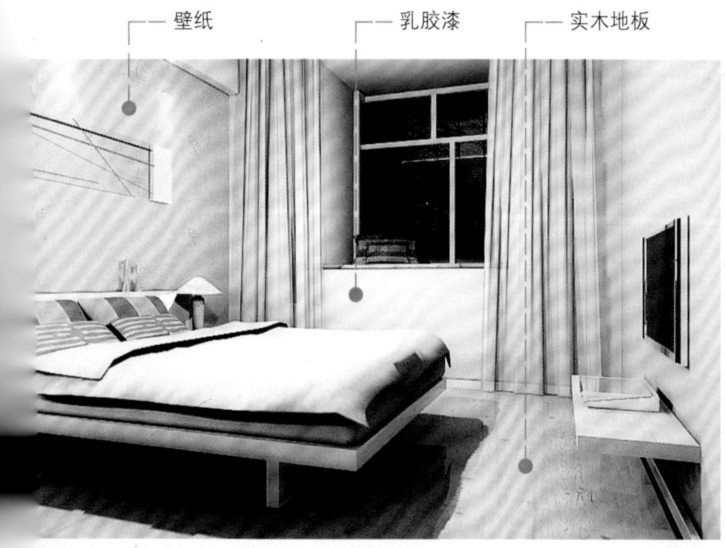
壁纸
乳胶漆
实木地板

地毯
书法字画
壁纸
静妙

Q: 卧室使用什么色彩为宜？

A: 卧室在色彩的设计上，需要先确定一个主色调，如果墙是以浅冷色系为主调，织物就不宜选择暖色调。其次是确定好室内的重点色彩，即中心色彩，卧室一般以床上用品为中心色，如床罩为暖色，那么，卧室中其他织物应尽可能用浅暖色调的同种色，如米黄、咖啡等来中和。尽量不要用对比色，避免给人太强烈鲜明的感觉而不易入眠。一般来说，卧室应在色彩上强调宁静和温馨的色调，以有利于营造良好的休息气氛，一般以蓝色调系列、粉色和米色调系列居多。

石膏板吊顶
壁纸
乳胶漆
木工板刷白漆
壁纸
装饰挂画
木工板刷白漆
艺术玻璃
乳胶漆
强化地板

壁纸
实木地板
磨砂玻璃
艺术玻璃
实木地板

Q: 什么是轻古典的家装风格?

A: 轻古典的家装风格摒弃了简约的呆板和单调，也没有古典风格中的繁琐和严肃，让人感觉庄重和恬静，适度的装饰也使家居空间不乏活泼的气息，使人在空间中得到精神上和身体上的双重放松。并且紧跟着时尚的步伐，也满足了现代人的混搭乐趣。

壁纸
木工板刷白漆
石膏板造型
实木地板
乳胶漆
艺术壁纸
木工板刷白漆

石膏板成品造型
乳胶漆

乳胶漆
磨砂玻璃
实木地板

Q: 卧室宜使用什么色彩?

A: 为了利于家人休息和睡眠，卧室的色彩不宜过重，对比不要太强烈，宜选择优雅、宁静、自然的色彩。儿童房的色彩宜以明快的浅黄、淡蓝等为主；到青年期时，男女特征表现明显，男孩的卧室宜以淡蓝色的冷色调为主，女孩的卧室最好以淡粉色等暖色调为主；新婚夫妇的卧室应该采用活泼的暖色调，颜色浓重些也不妨碍；中老年的卧室宜以白、淡灰等色调为主。

壁纸
装饰挂画
乳胶漆
木纹饰面
深色纽墩豆实木地板

石膏板吊顶
壁纸
亚面抛光砖

乳胶漆
装饰挂画
实木地板

实木地板
木纹饰面

Q: 床的位置应如何摆放?

A: 从科学角度分析，摆床时不宜东西朝向，这是因为地球本身具有地磁场，地磁场的方向是南北向（分南极和北极），磁场具有吸引铁、钴、镍的性质，人体内都含有这三种元素，尤其血液中含有大量的铁，因此睡眠时东西向会改变血液在体内的分布，尤其是大脑的血液分布，从而会引起失眠或多梦，影响睡眠质量。如把床摆在南北朝向在会让人在休息时有个充足的睡眠。

乳胶漆
石膏板造型
实木地板

暗藏灯带
布艺软包
石膏板成品造型
壁纸
实木地板

壁纸
布艺软包

布艺软包
实木地板

地板上墙

壁纸

实木地板

Q: 怎样挑选壁纸?

A: 首先，好的壁纸看上去应自然、舒适且立体感强。细节检查要注意，图案是否精致且有层次感，色调过渡是否自然，对花准不准，是否存在色差、死褶、气泡；其次，用手感觉壁纸质地。关键触摸其图案部分，看看图案的实度是否均匀，再对比整幅壁纸的左右厚薄是否一致；此外，壁纸的抗污性及耐擦洗也是选购时要考虑的因素。在挑选的时候，可以用微湿的布稍用力擦纸面，如出现脱色或脱层则质量不好。

石膏板吊顶
洞石
实木地板

壁纸
装饰挂画
实木地板

实木地板
壁纸
暗藏灯带

Q: 哪种材质的壁纸不容易卷边?

A: 壁纸的材质主要分为两大类：PVC材料和纯纸材料的壁纸。一般情况下，PVC材料的壁纸比较容易卷边。同时，PVC材料的壁纸随温度的变化而伸缩性比较大，而且PVC材料的壁纸不透气，容易产生气泡和霉变。木纤维壁纸的纸面和纸基都是由木材和木纤维组成，其随水和温度的变化一致，透气性能也相当好，因此不容易卷边，也不会因为天气潮湿而产生气泡和霉变。

艺术壁纸
磨砂玻璃
装饰挂画
银镜
实木地板

银镜
石膏板成品造型
壁纸

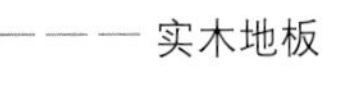
实木地板

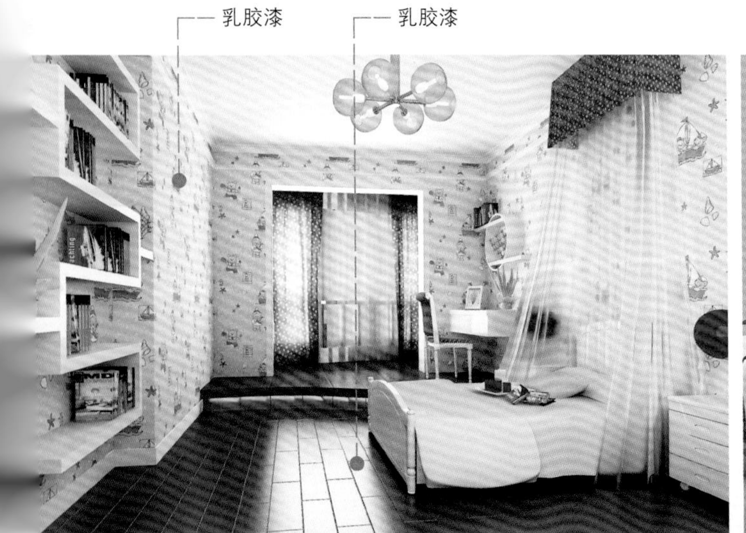
乳胶漆
乳胶漆

乳胶漆
乳胶漆

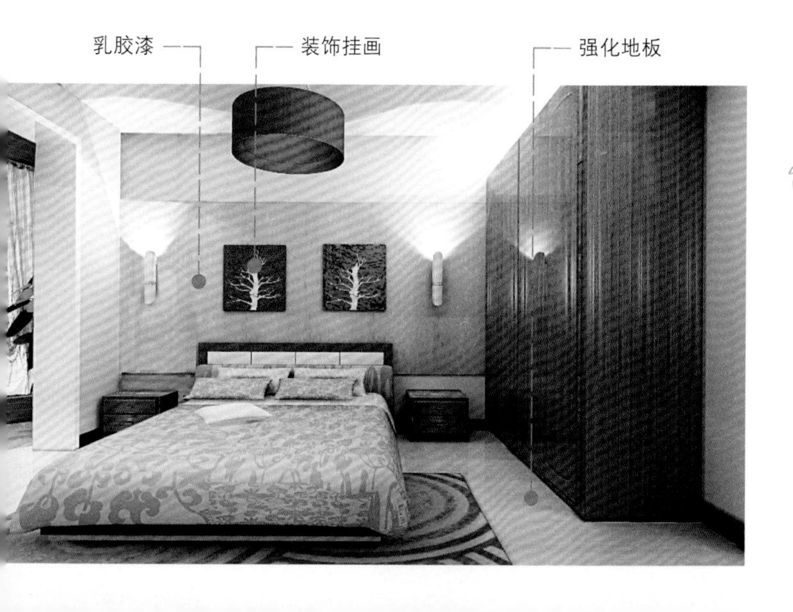

Q: 应该选择什么样的壁纸胶?

A: 在粘贴壁纸以前，首先需要往墙上刷一遍壁纸胶，现在市场上的壁纸胶大至可分为固体类和液体类两种。液体类可直接涂刷，固体类需要加水调制。由于主材竞争比较激烈，很多商家也许出售壁纸的价格不高，但是在辅材上却会加价很多。主要手法一是多开多用，二是胡乱开价，以进口概念虚抬价格，有些商家给的价格远远超出了合理的利润水平。

壁纸
银镜
装饰挂画
实木地板

壁纸
实木线条白漆
装饰挂画
实木地板

实木地板
壁纸
装饰挂画
壁纸
壁纸
实木地板

Q: 木质饰面板有什么特点?

A: 木质饰面板花色品种繁多，具有各种木材的自然纹理和色泽，价格经济实惠，选用饰面板做背景墙，不易与居室内其它木质材料发生冲突，可更好地搭配形成统一的装修风格，清洁起来也非常的方便。

木纹饰面
磨砂玻璃
乳胶漆
实木地板

壁纸
磨砂玻璃
装饰挂画
实木地板

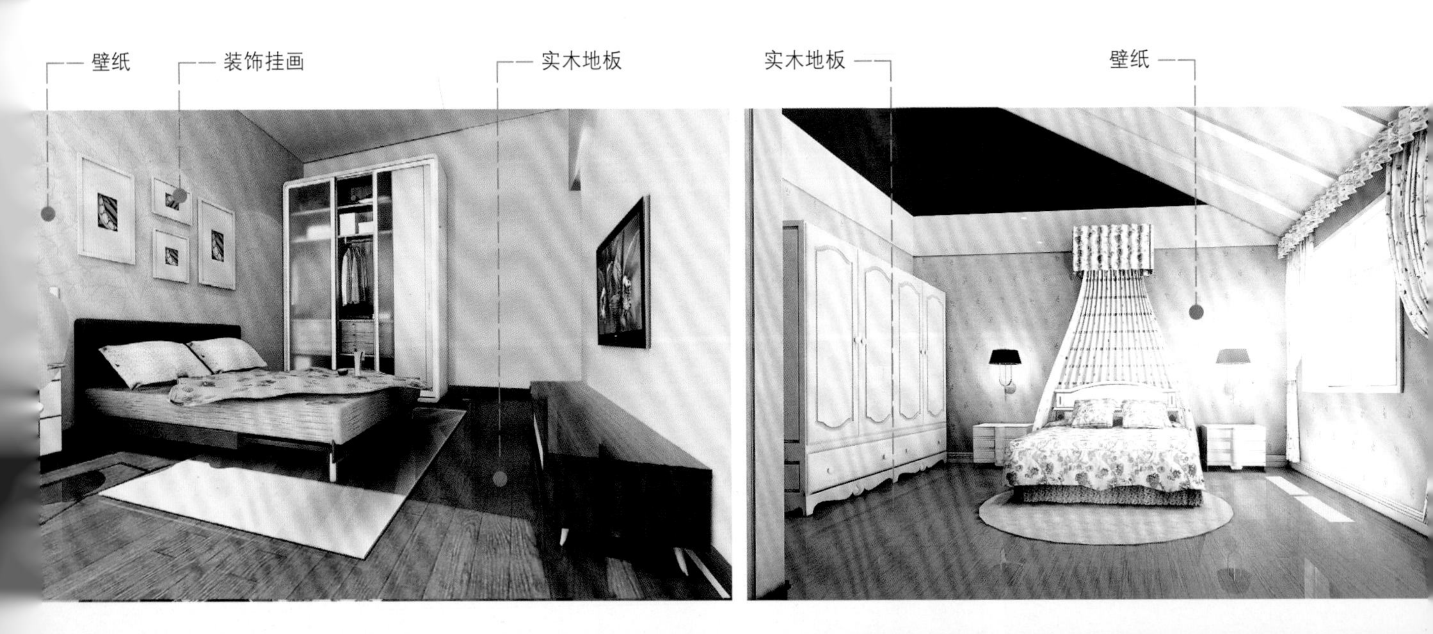
壁纸
装饰挂画
实木地板
实木地板
壁纸

Q: 购买装饰贴面板时应注意底板的什么材质特性?

A: 好的面板具有清爽华丽的感觉，色泽均匀清晰，材质细致，纹路美观，能感受到其良好的装饰性。例如：柳桉木韧性好，不易变形开裂，而杨木底板则差一些；水晶面橡木面板在阳光或灯光的照射下，能反射出动人的光芒；山纹白橡面板的表面颜色黄中返白，纹理清晰美观、淡雅自然；斑马木面板的表面具有美丽的斑马状纹理，装饰效果显得非常有特色；红樱桃木面板木质细嫩，颜色呈自然棕红色，装饰效果稳重典雅又不失温暖热烈；黑檀面板色泽油黑发亮，纹理匀称，耐腐性强，但价格相对昂贵。

乳胶漆
壁纸
装饰挂画
木工板刷白漆

壁纸
装饰挂画
实木地板

石膏板成品造型
装饰挂画
乳胶漆

木工板刷白漆
乳胶漆
木工板造型混漆

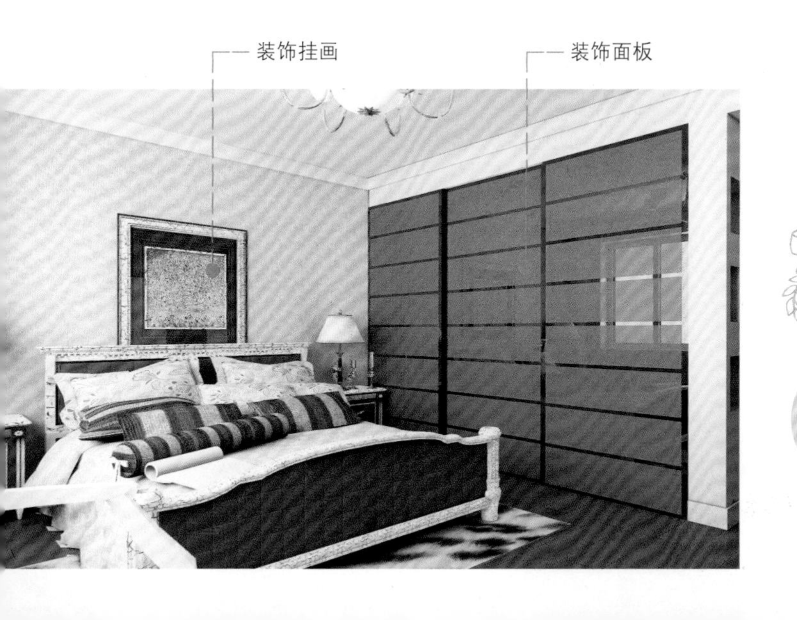

Q: 卧室的面积多大为宜?

A: 主卧室不宜太大，面积控制在10～20平方米为佳。因为卧室太大、太亮、窗户太多，风水之气容易淡散，会容易导致夫妻之间的感情冷却、不睦、争执。反之则气聚，家人和睦。

乳胶漆
装饰挂画
实木地板

壁纸
装饰挂画
乳胶漆
强化地板

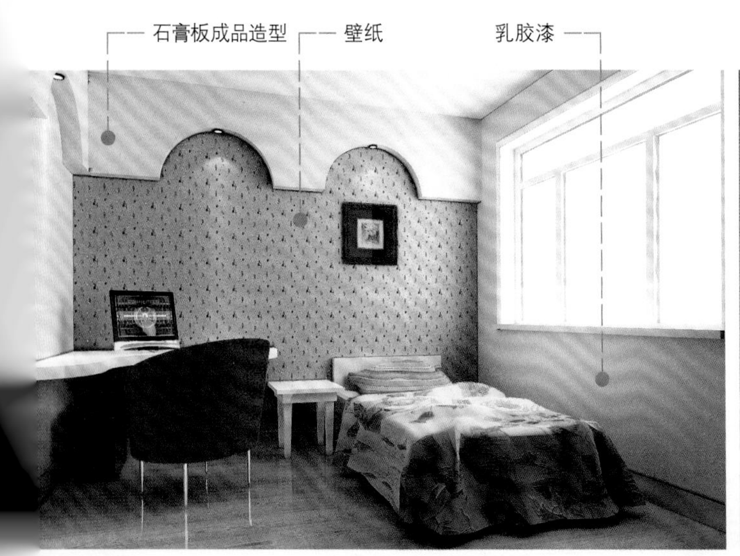
石膏板成品造型
壁纸
乳胶漆

壁纸
乳胶漆
实木地板

Q: 卧室门忌面对哪个门?

A: 大门是家人朋友进出的必经之路，卧室是休息的场所，需要安静、隐密。若卧室门正对着大门，不具备私密性、不利于保护隐私，人员过往所带来的声音也不利睡眠。更何况大门直冲卧室门容易影响健康和财运。化解的方法就是摆设屏风来作遮掩，也可以在大门入口处加建隔墙形成一个玄关。

石膏板造型
烤漆面板
实木地板

胡桃木饰面
布艺软包
地毯

布艺软包
装饰搁板
实木地板

乳胶漆
暗藏灯带

Q: 卧室的墙体、家具忌什么形状?

A: 卧室的墙体、家具等不宜用圆形为主。风水上认为圆形主“动”，卧室的墙体、家具等若以圆形为主，给人不稳定、不安宁2的感觉，对心理环境的健康不利。

乳胶漆
石膏板拓缝
暗藏灯带
实木地板

木纹饰面
乳胶漆
装饰挂画
实木地板

乳胶漆
装饰挂画

石膏板造型
艺术壁纸

Q: 床忌四面无靠的说法对不对?

A: 床头空虚固然不宜，但如果连床边和床尾都无靠，四周空虚，便更是不妥。床头空虚时，会缺乏安全感；如果睡床四周空虚，睡梦中醒来就有如自己身处一座孤岛，长久下来，对身体健康极为不利。若有床如此摆设，最好是将它移向墙边，使床头和一面床边靠向墙壁。

艺术吊灯
乳胶漆
实木地板

艺术壁纸
装饰搁板
亚面抛光砖

乳胶漆

洞石拓缝
艺术壁纸

Q: 为什么要用分线盒同时固定PVC管？

A: 在吊顶内的电路改造过程中，分线的时候一定要用分线盒。同时，线管的固定是必须的。对于PVC线管来说，应该每相隔50厘米就固定一次，这样可以保证电线不会晃动，方便日后安装灯具。

洞石拓缝
艺术壁纸
强化地板
石膏板吊顶
装饰面板
暗藏灯带
亚面抛光砖

壁纸
强化地板

木工板刷白漆
乳胶漆

Q: 怎样区分火线、地线、零线?

A: 由于工人操作不到位，没有将火线、地线和零线区分颜色，一旦将来需要更换插座或者检查线路，这种无法区分颜色的做法将会带来很大的安全隐患。规范的做法是:火线用红色表示，地线用花色表示，而零线应该用蓝色表示。

艺术壁纸
本色橡木地板

木纹饰面
布艺软包
深色圆盘豆实木地板

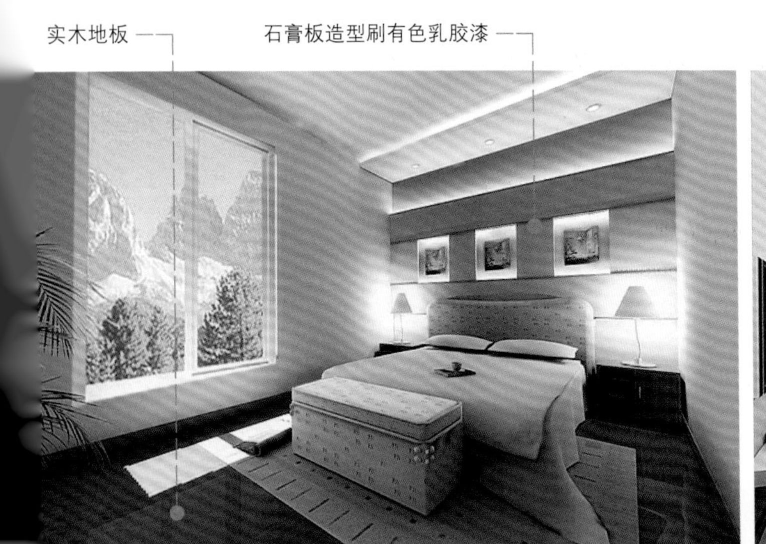
实木地板
石膏板造型刷有色乳胶漆

强化地板
装饰画

艺术壁纸

装饰纱帘

平压竹纹强化地板

Q: 怎样检测PVC线管的优劣？

A: PVC线管是用来保护电线的，其管壁厚度直接关系电路的安全。一般来说，管壁厚度应该在2毫米左右，最低不得低于1.2毫米。在线管的表面还应该标注有商标和厂家名称、地址。优质线管表面应该是光滑的，并且颜色均匀。千万不要因为图便宜而使用管壁很薄的劣质线管，劣质线管既无法很好地保护电线，也起不到防火和阻燃的作用。

艺术壁纸
装饰挂画
平压竹纹强化地板

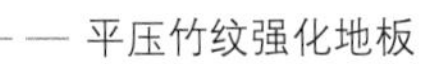

壁纸
银镜

艺术壁纸
实木地板

乳胶漆
强化地板

Q: 壁纸墙面如何更换新壁纸？

A: 如果下次更新壁纸，只需将老壁纸表层一角揭开后全部剥离撕去，纸基留在墙上，若纸基与墙粘接牢固，新的壁纸则可直接裱贴其上，但应避免新壁纸接缝与旧纸接缝正好撞在同一位置上。墙面如有损坏，则需打腻子重处理，再刷清油，干后即可贴新墙纸。现在新型的天然木浆及木纤维壁纸可直接在上面重复张贴，减去很多无谓的人工和材料浪费。

壁纸
实木清漆
深色纽墩豆实木地板

乳胶漆
强化地板

黑檀木实木地板
壁纸

强化地板
壁纸

Q: 阳台怎样改造成休闲区？

A: 阳台作为室内向室外的一个延伸空间，是主人摆脱室内封闭环境，呼吸室外新鲜空气，享受日光，放松心情的场所。因此，根据阳台面积的大小，稍加装饰就能使阳台满足主人追求惬意生活的需要。阳台面积小，可以采用装饰性强的小块墙砖或毛石板作点缀，以突出阳台的休闲功能。而面积较大的阳台，就可以用质感丰富的小块文化石或窄条的墙砖来装饰墙壁。阳台面积不大，又要集休闲、实用功能于一身，既方便主人健身、闲坐，又得考虑收纳杂物之需，采用折叠式设计的桌椅及吊墙的储物柜应该说最适合小阳台了。

壁纸

胡核木实木地板

定制书架

本色橡木地板

抛光砖

木纹饰面

实木线条密排刷漆

Q: 怎样把阳台改造成书房?

A: 居室面积小，一般都不设有单独的书房或工作间，如果把阳台与居室打通，阳台就可以成为崭新的书房而加以利用了。在靠墙的位置装上层层固定式书架，再放上一张小巧的书桌，一个独立的区域就营造出来了。不过把阳台设计成书房要充分考虑到阳光卫生，过于强烈的阳光会使人看不清电脑屏幕，而且可能还会伤害眼睛，因此建议设计两道窗帘——一道厚的窗帘用来防寒；一道薄的窗纱用来中和中午刺眼的强烈阳光。 另外，放在阳台的书柜最好是密封的，如果用玻璃材料的话最好有遮光的功能，不然书和光盘都有可能因为光线太强而褪色。

乳胶漆
木工板刷白漆
暗藏灯带
强化地板

乳胶漆
亚面抛光砖

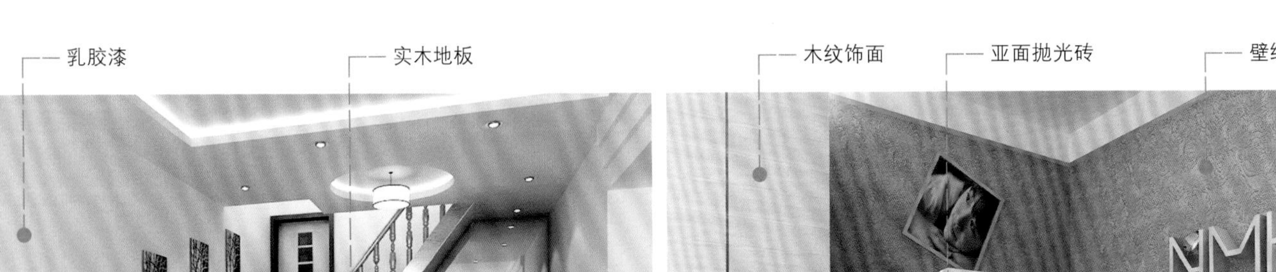

乳胶漆
实木地板

木纹饰面
亚面抛光砖
壁纸

Q: 木板饰面怎样防开裂？

A: 木板饰面中，如果采用的是饰面板，可能技术问题不大,但如果采用的是夹板装饰，表面刷漆(混油) 的做法的话，那么可能就有防开裂的要求了。具体防开裂的做法是：首先在接缝处要45°角处理，其接触处形成三角形槽面；其次在槽里填入原子灰腻子，并贴上补缝绷；最后表面调色腻子批平，然后再进行其他的漆层处理(刷手扫漆或者混油)。木板固定用的钉一定要使用蚊钉，在表层处理时，用调色腻子填平即可。

乳胶漆
实木清漆
实木地板

实木清漆
亚面抛光砖

青砖

乳胶漆
强化地板

艺术涂料

黑精砂大理石

本色橡木地板

Q: 中式风格书房设计的基本要求是什么？

A: 中式风格书房设计的基本要求是：亚光面，颜色为浅棕最好，尺寸可以根据空间来搭配。因为中式搭配的家具颜色都较重，地砖最好和家具的颜色属于一个色系，但是略浅于家具。颜色太重的话会给空间带来压抑感。

书法壁纸
本色橡木地板

实木清漆
清玻
深色纽墩豆实木地板

艺术壁纸
实木地板

冰裂纹玻璃
亚面抛光砖

Q: 如何巧妙设置书房？

A: 书房在现代家居生活中担任着越来越重要的角色，它不但是休闲、读书的场所，也是工作的空间。如果家中空间较小，没有独立的书房，也可以选择在舒适的角落辟出空间作为书房。现代人将书房赋于了新的理念，休闲、阅读、工作、会谈，只要适合，尽可随心设置。

木纹饰面
清玻
实木地板

艺术壁纸
实木地板

强化地板

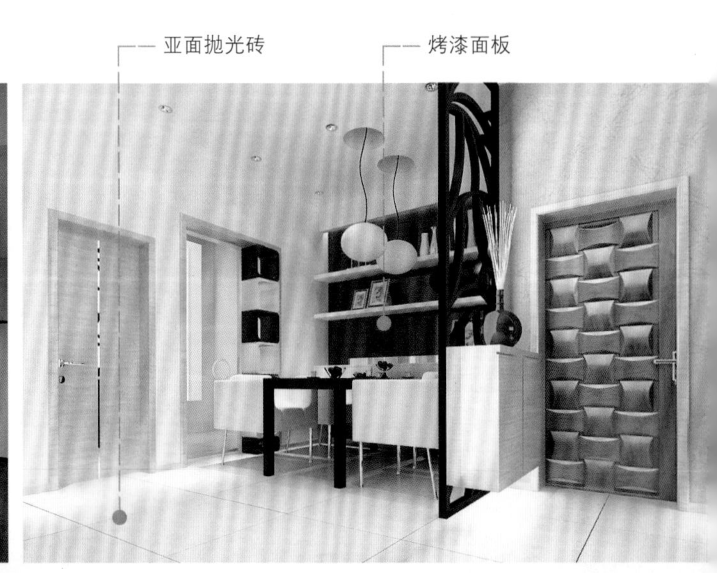
亚面抛光砖
烤漆面板

Q: 采用支架固定的搁板制作方法是什么？

A: 采用支架固定的搁板优点是搁板尺寸、重量不受限制，因为市面上有多种规格和不同承重量的支架可供选择。墙面刷完乳胶漆再安装，不影响刷墙；位置可调可变。缺点是如果搁板的位置较高，则支架比较明显，感觉不美观。

定制书架
乳胶漆
本色橡木地板

艺术壁纸
定制书架
强化地板

乳胶漆
实木地板

石膏板拓缝
实木地板

Q: 怎样进行床上用品的日常养护？

A: 每天要抖松床上用品，用被套来保护被子和枕头，经常清洗被套枕套，每天在阳光下晾晒 15分钟最好。羽绒制品一年不要超过两次清洗，化纤制品可随意洗，在烘干时放个网球会对羽绒有帮助，用前要确认羽绒已彻底干，否则容易发霉。羽绒制品不要用真空吸尘器或地毯拍打器，会对绒毛有害。保养好的羽绒被可用10年以上，羽绒枕也可用很长时间，它的舒适和弹性可保持5年。如果只是季节性更换床上用品，只需换季时放在透气的如棉制储藏袋里。若储藏在箱子里不透气，塑料袋会吸潮，致使床上用品发霉。

书法壁纸
乳胶漆
定制书架
暗藏灯带
强化地板

乳胶漆

亚面抛光砖
乳胶漆
实木线条
壁纸